## RELATÓRIO ANUAL – 2019 – DO SERVIÇO DE TRANSPLANTE DE FÍGADO DO HOSPITAL DO ROCIO.

Fábio Silveira, Fábio Porto Silveira, Cassia Regina Sbrissia Silveira, Nestor Saucedo Saucedo Junior, Henrique Cesar Higa, Ana Sofia Jaramillo Montero.

Centro Digestivo e Transplante de Órgãos – cdto.med.br

Instituto para Cuidado do Fígado – icfigado.org.br

Hospital do Rocio – hospitaldorocio.com.br

*Endereço para correspondência:* silveira.fabio@gmail.com

> "Publicity is justly commended as a remedy for social and industrial diseases. Sunlight is said to be the best of disinfectants; electric light the most efficient policeman."

*Louis Dembitz Brandeis. November 13, 1856 – October 5, 1941. US Supreme Court of the United States from 1916 to 1939.*

## TRANSPLANTE HEPÁTICO ADULTO.

No último período de 12 meses, 32 transplantes hepáticos foram realizados no Hospital do Rocio, do total de 158 transplantes realizados desde o início das atividades do programa, em novembro de 2015. Os dados revisados são relativos ao período de 01/11/2018 a 31/10/2019, o que corresponde ao quarto ano de atividade transplantadora na instituição.

O transplante hepático é uma intervenção eficaz para as doenças hepáticas terminais(Freeman 2007), porém de alto custo para a sociedade(Agopian, Petrowsky et al. 2013). O Sistema Estadual de Transplantes do Estado do Paraná vem apresentando sustentada melhoria nos índices de doação de órgãos para transplante, possuindo diretrizes que focam o acesso da população e a efetividade dos procedimentos realizados(CET-PR 2012). A análise dos resultados dessa modalidade de tratamento deve ser divulgada e analisada, pois pode permitir contínua melhoria da prestação de serviços para a comunidade.

## AQUISIÇÃO DE DADOS.

A coleta de dados se deu de maneira prospectiva, com a utilização de softwares de base de dados e estatísticas Epi-Info (*Center for Disease Control – USA*)(Dean AG 2011)

## ANÁLISE DA LISTA DE ESPERA.

As inscrições em lista de espera para transplante de fígado, durante o período de estudo, foram de 51 pacientes. Ao final do período 24 foram transplantados, 15 estavam em espera pelo transplante, 10 faleceram em lista de espera e 2 foram removidos da lista por apresentarem recuperação da função do órgão (figura 1). A mortalidade em lista de espera foi de 19,60%, menor que a relatada anteriormente em nosso estado.(Silveira 2012)

*Figura 1 – Características da lista de espera.*

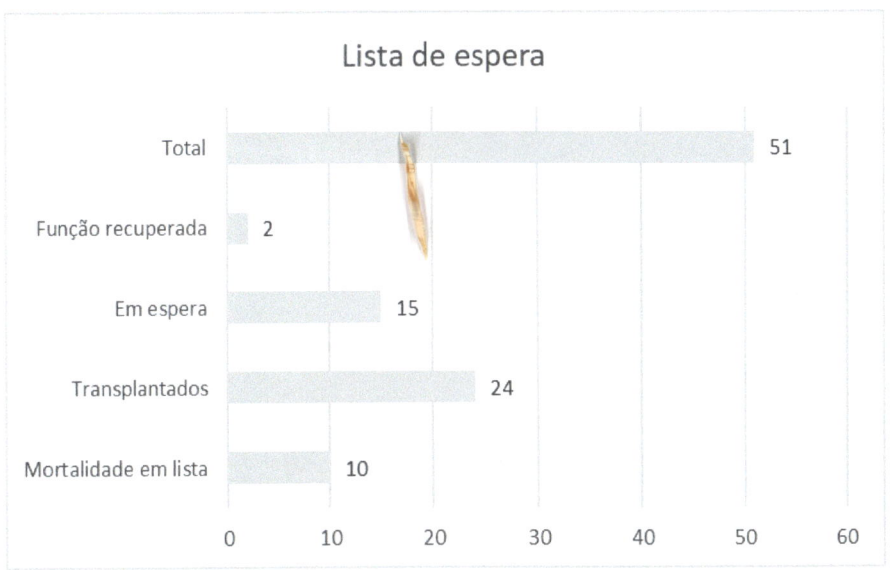

## ANÁLISE DAS CARACTERÍSTICAS DEMOGRÁFICAS DOS RECEPTORES.

Foram realizados 32 transplantes, todos com doador cadáver, em sua maioria transplantes isolados (96,88%). População com idade média de 51 anos (tabela 1), predominantemente da raça branca (78,13%), do sexo masculino (81,25%) e com índice de massa corpórea (IMC) nas faixas abaixo da obesidade (70%).

Tabela 1- Características demográficas da população

| | | |
|---|---|---|
| Idade (média ± DP) | | 51,09±13,08 |
| Sexo (M/F) (n, %) | | 26 (81,25%) / 6 (18,75%) |
| Raça | Branca | 25 (78,13%) |
| | Negro | 4 (12,5%) |
| | Outro | 3 (9,38%) |
| Múltiplos órgãos | Fígado isolado | 31 (96,88%) |
| | Fígado-rim | 1 (3,13%) |
| IMC | 26,62±4,61 | |
| | IMC <30 | 21 (70%) |
| | IMC≥30 | 9 (30%) |

A etiologia mais frequente foi a alcoólica (34,38%), seguida de transplante por malignidade (21,88%). Casos envolvendo situações especiais representaram 19,35% (n=6) dos casos.

*Figura 2 – Etiologia da doença hepática que culminou no transplante.*

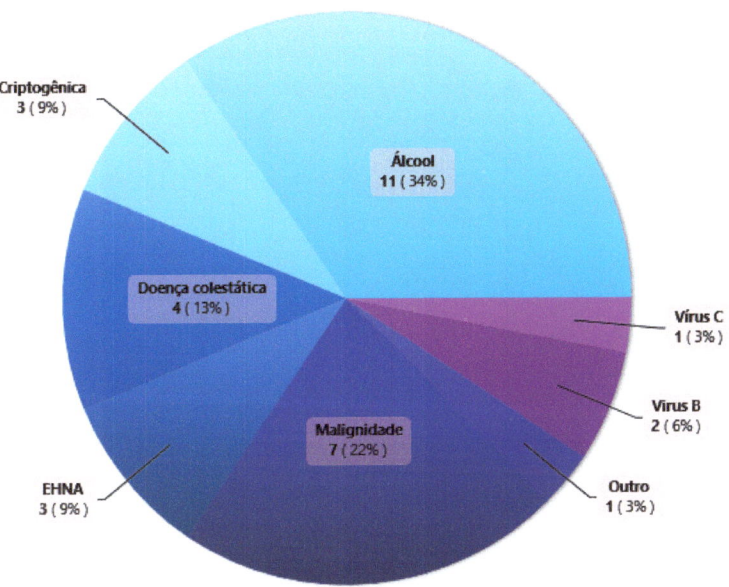

O tipo de sangue mais frequente foi o sangue A, em 51,6% dos casos (tabela 2).

Tabela 2 – Tipo de sangue

| Tipo de sangue | Frequência | % |
|---|---|---|
| A | 16 | 51,61% |
| B | 3 | 9,68% |
| AB | 2 | 6,45% |
| O | 10 | 32,26% |

A maior parte dos receptores residiam no estado do Paraná (96,87%), com a maioria procedente dos municípios da 2ª Regional de Saúde (59,38%), conforme demonstrado na figura 3.

*Figura 3 – Distribuição espacial do local de residência dos receptores de transplante hepático.*

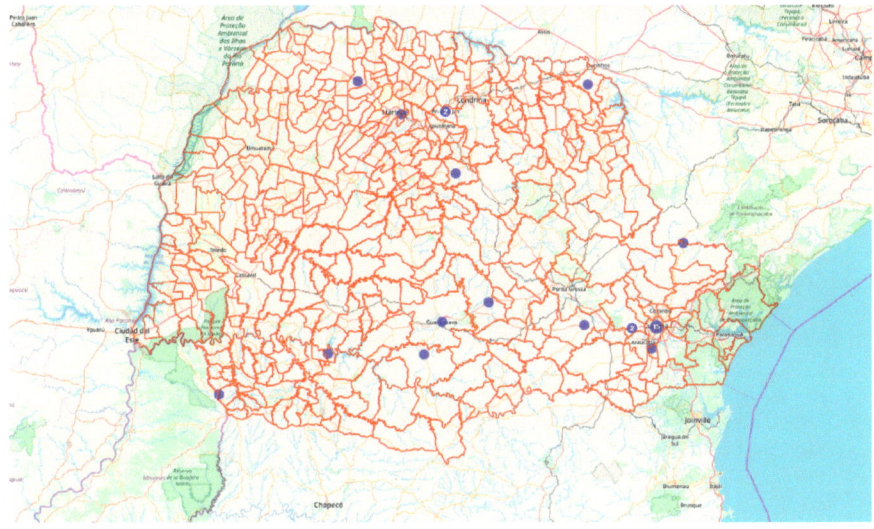

## ANÁLISE DAS CARACTERÍSTICAS DOS DOADORES.

Os 32 doadores cadáver possuíam idade de 38±14,92 anos, predominantemente do sexo masculino (78,13%), em sua maioria (96,87%) foram doações no estado do Paraná (figura 4). A maior parte das captações (90,63%) foram realizadas pela própria equipe transplantadora (tabela 3), utilizando solução de preservação Custodiol© (Meine, Leipnitz et al. 2015) (HTK) em 96,88% dos casos (n=31).

*Figura 4 – Distribuição espacial do local de doação dos fígados transplantados no período de estudo.*

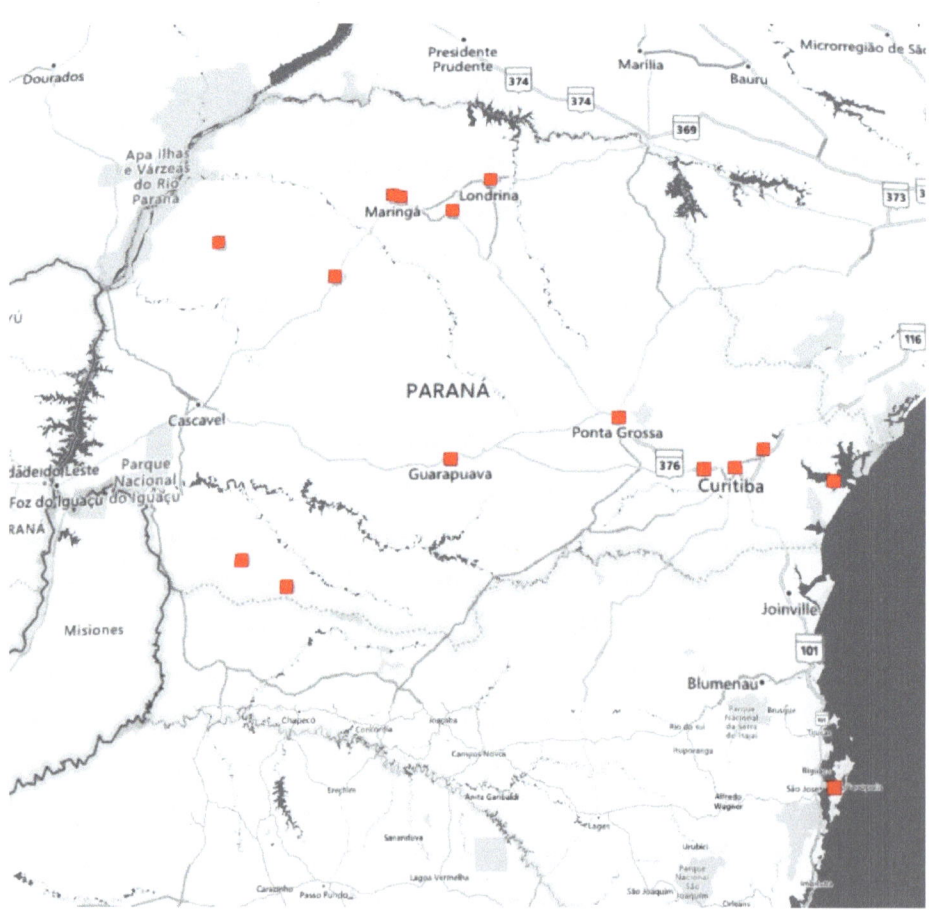

Tabela 3 – Equipe responsável pela captação do órgão

| Captação pela equipe | **Frequência** |
|---|---|
| Sim | 29 (90,63%) |
| Não | 3 (9,38%) |

O índice de risco do doador(Feng, Goodrich et al. 2006, Blok, Braat et al. 2012, Flores and Asrani 2017) (*donor risk index*) médio foi de 1,33±0,26, com o menor índice (1,11) na 3° e 15° regionais de saúde e o maior índice da 17°RS, com 1,54.

*Figura5 – Média do índice de risco do doador conforme local de doação.*

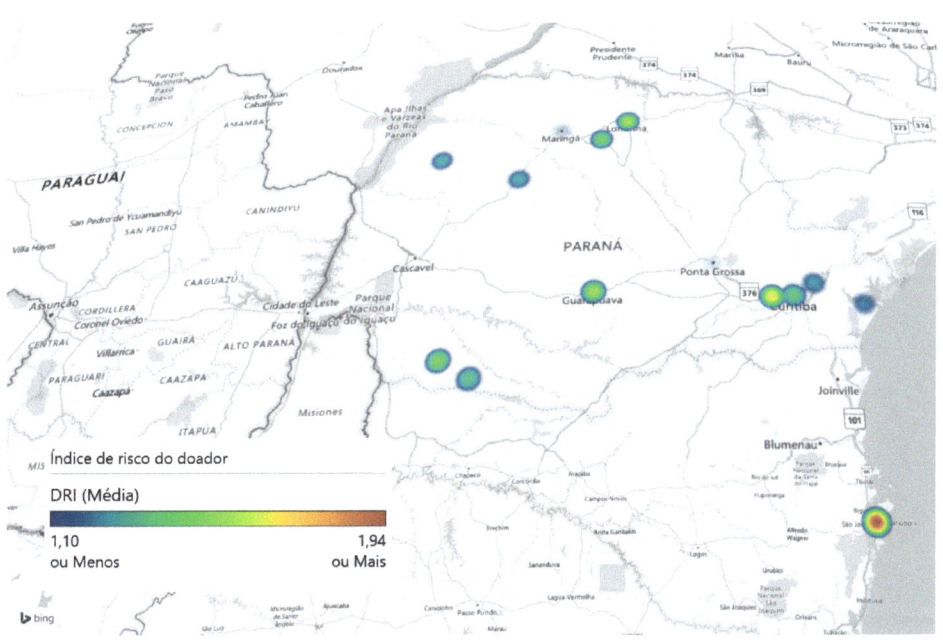

O tempo de isquemia fria foi em média de 7 horas (430,28±100,61 minutos), com o maior tempo de isquemia dos doadores da 10°RS (570min) e a menor da 2°RS (348 min).

*Figura6 – Média do índice de risco do doador conforme local de doação.*

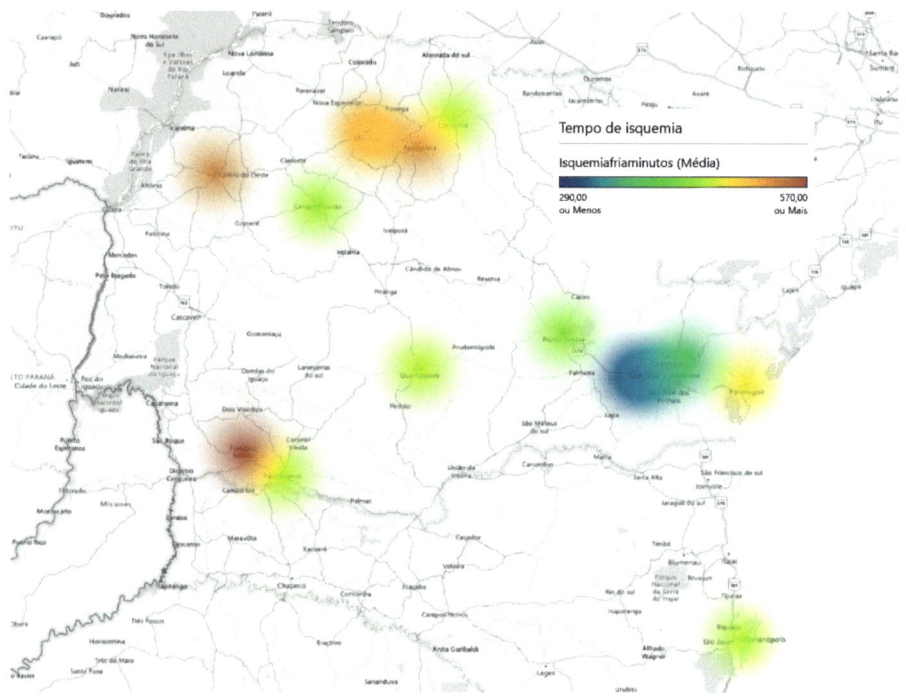

## ANÁLISE DA GRAVIDADE DA DOENÇA.

Metade dos pacientes não estavam hospitalizados no momento da chamada para a realização do transplante, sendo que 28,13% (n=9) encontravam-se internados em ambiente de terapia intensiva.

Tabela 4 – Condição médica do paciente no momento do transplante

| Condição médica | **Frequência** |
|---|---|
| Hospitalizado - UTI | 9 (28,13%) |
| Hospitalizado - Enfermaria | 7 (21,88%) |
| Não hospitalizado | 16 (50%) |

TABELA 5 – Grau de urgência médica no momento do transplante

| Urgência médica | **Frequência** |
|---|---|
| MELD 30-34 | 6 (18,75%) |
| MELD 15-29 | 21 (65,63%) |
| MELD<15 | 5 (15,63%) |

O tempo médio de espera para o transplante foi de 111,2 dias, em média 117 dias para o sangue tipo A e de 50 dias para o sangue tipo B. (tabela 6)

Tabela 6 – Tempo de espera conforme tipo de sangue.

| Sangue A | 117±152,4 |
| --- | --- |
| Sangue B | 50±71,7 |
| Sangue AB | 74,5±70 |
| Sangue O | 125±123,2 |

Maior parte (72%) dos pacientes foram classificados como CHILD(Brown, Kumar et al. 2002) C (figura 7).

*Figura 7 – Distribuição da classificação CHILD dos pacientes transplantados.*

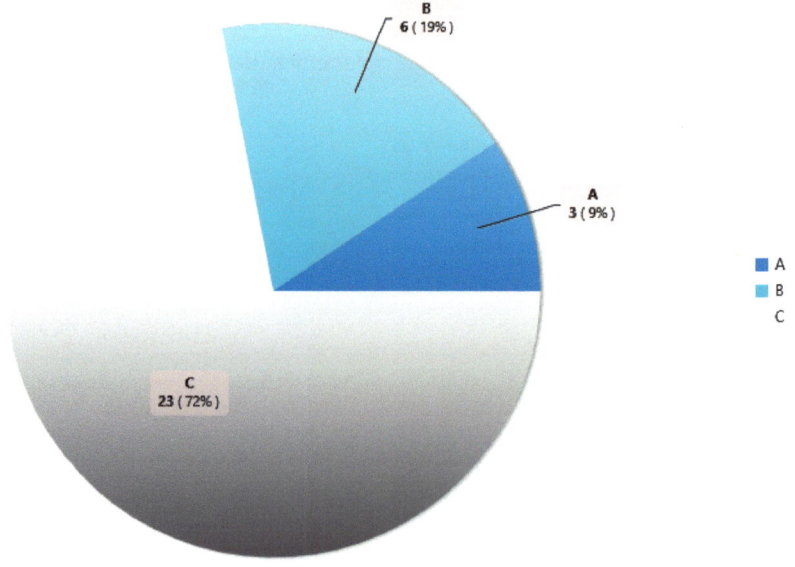

O MELD(Asrani and Kim 2011) médio para transplante foi de 20,56±7,24, com o MELD ajustado para situações especiais foi de 25,15±4,4. Pacientes oriundos da 7RS apresentaram o menor MELD para transplante (8) e os oriundos da 14RS os maiores índices MELD (24).

A presença de trombose de veia porta no período pré-transplante foi observada em 6 pacientes (18,75%) dos casos. Maior parte dos pacientes, 81,25% (n=26), possuíam *swabs* retais de vigilância negativos para germes multi-resistentes.

Os índices de gravidade MELD, MELD ajustado no momento do transplante, BAR(Dutkowski, Oberkofler et al. 2011), PSOFT(Rana, Hardy et al. 2008) e SOFT(Rana, Hardy et al. 2008) estão demonstrados na tabela 7.

Tabela 7 – Estratificação de gravidade conforme vários índices.

|  | Média | Desvio padrão | 25% | Mediana | 75% | Máxima |
| --- | --- | --- | --- | --- | --- | --- |
| MELD | 20,5625 | 7,2465 | 16 | 20 | 26 | 34 |
| MELDaTX | 25,1563 | 4,4367 | 21 | 24 | 29 | 34 |
| BAR | 8,1563 | 3,3612 | 6,5 | 7,5 | 11 | 14 |
| PSOFT | 9,6563 | 6,2145 | 5 | 10 | 12 | 31 |
| SOFT | 10,5 | 6,9329 | 5 | 12 | 14,5 | 33 |

## RESULTADOS

Extubação da ventilação mecânica em sala foi realizada em 59,38% (n=19) dos pacientes. Não funcionamento primário do enxerto em 3,13% (n=1), disfunção inicial em 21,88% (n=7) e função inicial normal em 75% (n=24) dos casos.

Trombose arterial foi observada em 1 caso (3,13%), complicações biliares em 6,25% (n=2) e complicações de veia porta não foram observadas. Reoperação foi necessária em 6,255 (n=2) dos casos.

Complicações pós-operatórias conforme classificação de Clavien-Dindo(Clavien, Camargo et al. 1994) estão demonstradas na figura 8.

*Figura 8 – Distribuição das complicações conforme Clavien-Dindo.*

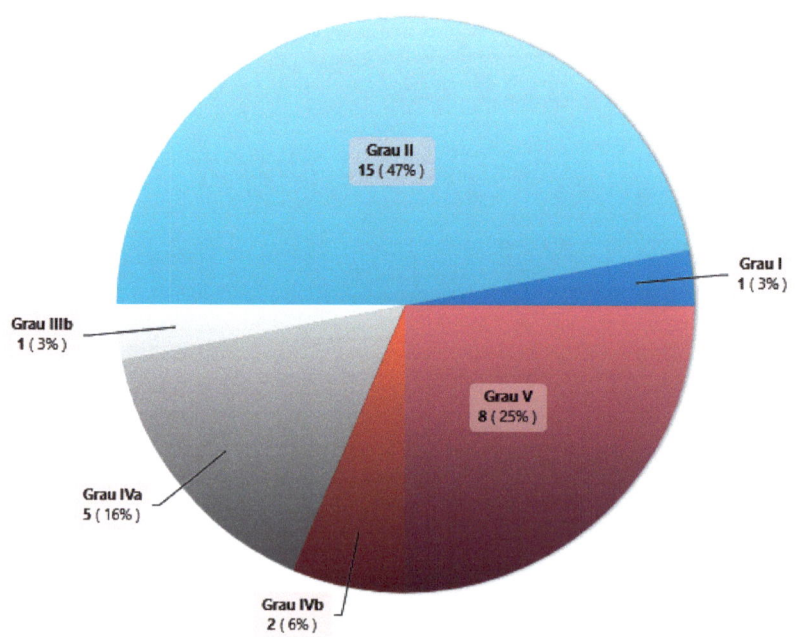

Mortalidade cirúrgica, ocorrida nos 30 primeiros dias de pós-transplante, foi observada em 25% (n=8) dos casos.

Causa de mortalidade (tabela 8) infecciosa foi a mais observada no período, com 6 casos (54,5%).

| TABELA 8- CAUSAS DA MORTALIDADE CIRÚRGICA | |
|---|---|
| MOTIVO DO ÓBITO | Frequência |
| CARDIOVASCULAR | 1(9,09%) |
| CIRÚRGICA | 2(18,18%) |
| INFECCIOSA | 6(54,55%) |
| OUTROS | 2(18,18%) |
| TOTAL | 11 |

A sobrevida estimada em 1 ano de pós-transplante foi de 70,34% (figura 9).

Figura 9 – Curva de sobrevida (Kaplan-Meyer)

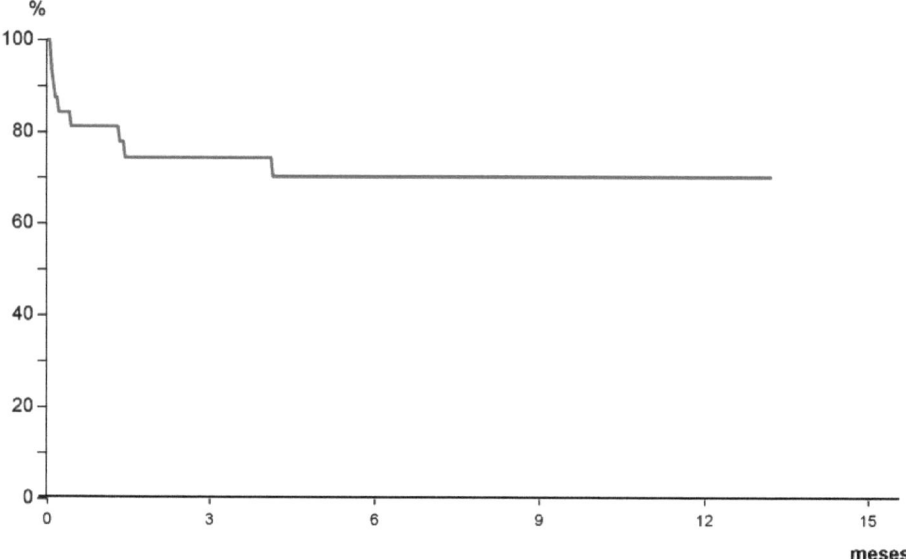

## COMPARAÇÃO COM LITERATURA.

No processo de busca de melhores práticas, a comparação de resultados com outros centros transplantadores é deveras importante. Infelizmente não possuímos uma cultura de publicizar os resultados do transplante no país, com poucos centros transplantadores expondo seus resultados de maneira confiável. O centro transplantador da UNICAMP(de Campos Junior, Stucchi et al. 2015) possui essa cultura, sistematicamente reportando seus resultados, cuja comparação com os nossos pode ser encontrado na tabela 6.

**Tabela 6** – *Benchmarking* nacional

| Sobrevida 90 dias | Hospital Rocio | UNICAMP |
|---|---|---|
| BAR>11 | 55,56% | 46% |
| BAR<11 | 73,91% | 77% |

BAR>11 foi encontrado como fator de risco isolado de mortalidade na coorte da UNICAMP, impactando diretamente na sobrevida. Selecionando nossos pacientes conforme esse achado, identificamos nossa sobrevida, permitindo comparação de resultados.

# REFERÊNCIA BIBLIOGRÁFICAS.

Agopian, V. G., H. Petrowsky, F. M. Kaldas, A. Zarrinpar, D. G. Farmer, H. Yersiz, C. Holt, M. Harlander-Locke, J. C. Hong, A. R. Rana, R. Venick, S. V. McDiarmid, L. I. Goldstein, F. Durazo, S. Saab, S. Han, V. Xia, J. R. Hiatt and R. W. Busuttil (2013). "The evolution of liver transplantation during 3 decades: analysis of 5347 consecutive liver transplants at a single center." Ann Surg **258**(3): 409-421.

Asrani, S. K. and W. R. Kim (2011). "Model for end-stage liver disease: end of the first decade." Clin Liver Dis **15**(4): 685-698.

Blok, J. J., A. E. Braat, R. Adam, A. K. Burroughs, H. Putter, N. G. Kooreman, A. O. Rahmel, R. J. Porte, X. Rogiers, J. Ringers, C. European Liver Intestine Transplant Association Eurotransplant Liver Intestine Advisory and C. Eurotransplant Liver Intestine Advisory (2012). "Validation of the donor risk index in orthotopic liver transplantation within the Eurotransplant region." Liver Transpl **18**(1): 112-119.

Brown, R. S., Jr., K. S. Kumar, M. W. Russo, M. Kinkhabwala, D. L. Rudow, P. Harren, S. Lobritto and J. C. Emond (2002). "Model for end-stage liver disease and Child-Turcotte-Pugh score as predictors of pretransplantation disease severity, posttransplantation outcome, and resource utilization in United Network for Organ Sharing status 2A patients." Liver Transpl **8**(3): 278-284.

CET-PR (2012). Diretrizes do Sistema Estadual de Transplantes do Paraná, Central Estadual de Transplantes do Paraná.

Clavien, P. A., C. A. Camargo, Jr., R. Croxford, B. Langer, G. A. Levy and P. D. Greig (1994). "Definition and classification of negative outcomes in solid organ transplantation. Application in liver transplantation." Ann Surg **220**(2): 109-120.

de Campos Junior, I. D., R. S. Stucchi, E. Y. Udo and F. Boin Ide (2015). "Application of the BAR score as a predictor of short- and long-term survival in liver transplantation patients." Hepatol Int **9**(1): 113-119.

Dean AG, A. T., Sunki GG, Friedman R, Lantinga M, Sangam S, Zubieta JC, Sullivan KM, Brendel KA, Gao Z, Fontaine N, Shu M, Fuller G, Smith DC, Nitschke DA, and Fagan RF. (2011). "Epi Info™, a database and statistics program for public health professionals. CDC, Atlanta, GA, USA."

Dutkowski, P., C. E. Oberkofler, K. Slankamenac, M. A. Puhan, E. Schadde, B. Mullhaupt, A. Geier and P. A. Clavien (2011). "Are there better guidelines for allocation in liver transplantation? A novel score targeting justice and utility in the model for end-stage liver disease era." Ann Surg **254**(5): 745-753; discussion 753.

Feng, S., N. P. Goodrich, J. L. Bragg-Gresham, D. M. Dykstra, J. D. Punch, M. A. DebRoy, S. M. Greenstein and R. M. Merion (2006). "Characteristics associated with liver graft failure: the concept of a donor risk index." Am J Transplant **6**(4): 783-790.

Flores, A. and S. K. Asrani (2017). "The donor risk index: A decade of experience." Liver Transpl **23**(9): 1216-1225.

Freeman, R. B., Jr. (2007). "The model for end-stage liver disease comes of age." Clin Liver Dis **11**(2): 249-263.

Meine, M. H., I. Leipnitz, M. L. Zanotelli, E. S. Schlindwein, G. Kiss, J. Martini, A. de Medeiros Fleck, Jr., M. Mucenic, A. de Mello Brandao, C. A. Marroni and G. P. Craco Cantisani (2015). "Comparison Between IGL-1 and HTK Preservation Solutions in Deceased Donor Liver Transplantation." Transplant Proc **47**(4): 888-893.

Rana, A., M. A. Hardy, K. J. Halazun, D. C. Woodland, L. E. Ratner, B. Samstein, J. V. Guarrera, R. S. Brown, Jr. and J. C. Emond (2008). "Survival outcomes following liver transplantation (SOFT) score: a novel method to predict patient survival following liver transplantation." Am J Transplant **8**(12): 2537-2546.

Silveira, F. P. S., F.; Macri, M. ; Nicoluzzi, JEL. (2012). "Análise da mortalidade na lista de espera de fígado no Paraná, Brasil. O que devemos fazer para enfrentar a escassez de órgãos?" ABCD, arq. bras. cir. dig. **25**(2).

## DADOS TABULADOS

### Frequency

*Frequency variable:* **Multiplosorgaos**
*Include missing:* **False**

| Múltiplos órgãos | Frequency | Percent | Cum. Percent | Exact 95% LCL | Exact 95% UCL | |
|---|---|---|---|---|---|---|
| 0 | 31 | 96,88% | 96,88% | 83,78% | 99,92% | |
| 1 | 1 | 3,13% | 100,00% | 0,08% | 16,22% | |
| TOTAL | 32 | 100,00% | 100,00% | | | |

### Means

*Main variable:*

| | Idadepaciente | | | | | | | | | |
|---|---|---|---|---|---|---|---|---|---|---|
| | Obs | Total | Mean | Var | Std Dev | Min | 25% | Median | 75% | Max | Mode |
| Idadepaciente | 32 | 1635 | 51,0938 | 171,1845 | 13,0837 | 20,0000 | 44,0000 | 54,5000 | 60,5000 | 68,0000 | 54,0000 |

### Frequency

*Frequency variable:* **Raca**
*Include missing:* **False**

| Raça | Frequency | Percent | Cum. Percent | Exact 95% LCL | Exact 95% UCL | |
|---|---|---|---|---|---|---|
| Branco | 25 | 78,13% | 78,13% | 60,03% | 90,72% | |
| Negro | 4 | 12,50% | 90,63% | 3,51% | 28,99% | |
| Outro | 3 | 9,38% | 100,00% | 1,98% | 25,02% | |
| TOTAL | 32 | 100,00% | 100,00% | | | |

### Frequency

*Frequency variable:* **Sexopaciente**
*Include missing:* **False**

| Sexo paciente | Frequency | Percent | Cum. Percent | Exact 95% LCL | Exact 95% UCL | |
|---|---|---|---|---|---|---|
| Feminino | 6 | 18,75% | 18,75% | 7,21% | 36,44% | |
| Masculino | 26 | 81,25% | 100,00% | 63,56% | 92,79% | |
| TOTAL | 32 | 100,00% | 100,00% | | | |

## Frequency

*Frequency variable:* **IMC_RECODED**
*Include missing:* **False**

| IMC_RECODED | Frequency | Percent | Cum. Percent | Exact 95% LCL | Exact 95% UCL | |
|---|---|---|---|---|---|---|
| <30 | 21 | 70,00% | 70,00% | 50,60% | 85,27% | |
| >30 | 9 | 30,00% | 100,00% | 14,73% | 49,40% | |
| TOTAL | 30 | 100,00% | 100,00% | | | |

## Means

*Main variable:*

IMC

| | Obs | Total | Mean | Var | Std Dev | Min | 25% | Median | 75% | Max | Mode |
|---|---|---|---|---|---|---|---|---|---|---|---|
| IMC | 32 | 852 | 26,6250 | 21,3387 | 4,6194 | 19,0000 | 23,0000 | 26,0000 | 30,0000 | 37,0000 | 23,0000 |

## Frequency

*Frequency variable:* **ExcecaoMELD**
*Include missing:* **False**

| Exceção ao MELD | Frequency | Percent | Cum. Percent | Exact 95% LCL | Exact 95% UCL | |
|---|---|---|---|---|---|---|
| 0 | 25 | 80,65% | 80,65% | 62,53% | 92,55% | |
| 1 | 6 | 19,35% | 100,00% | 7,45% | 37,47% | |
| TOTAL | 31 | 100,00% | 100,00% | | | |

## Frequency

*Frequency variable:* **Tipodesangue**
*Include missing:* **False**

| Tipo de sangue | Frequency | Percent | Cum. Percent | Exact 95% LCL | Exact 95% UCL | |
|---|---|---|---|---|---|---|
| A | 16 | 51,61% | 51,61% | 33,06% | 69,85% | |
| B | 3 | 9,68% | 61,29% | 2,04% | 25,75% | |
| AB | 2 | 6,45% | 67,74% | 0,79% | 21,42% | |
| O | 10 | 32,26% | 100,00% | 16,68% | 51,37% | |
| TOTAL | 31 | 100,00% | 100,00% | | | |

## Frequency

*Frequency variable:* **RegionaldeSaudereceptor**
*Include missing:* **False**

| Regional de Saude - receptor | Frequency | Percent | Cum. Percent | Exact 95% LCL | Exact 95% UCL | |
|---|---|---|---|---|---|---|
| 14 - Paranavaí | 1 | 3,13% | 3,13% | 0,08% | 16,22% | |
| 15 - Maringá | 1 | 3,13% | 6,25% | 0,08% | 16,22% | |
| 16 - Apucarana | 2 | 6,25% | 12,50% | 0,77% | 20,81% | |
| 19 - Jacarezinho | 2 | 6,25% | 18,75% | 0,77% | 20,81% | |
| 2 - Curitiba | 19 | 59,38% | 78,13% | 40,64% | 76,30% | |
| 4 - Irati | 1 | 3,13% | 81,25% | 0,08% | 16,22% | |
| 5 - Guarapuava | 3 | 9,38% | 90,63% | 1,98% | 25,02% | |
| 7 - Pato Branco | 1 | 3,13% | 93,75% | 0,08% | 16,22% | |
| 8 - Francisco Beltrão | 1 | 3,13% | 96,88% | 0,08% | 16,22% | |
| Não se aplica | 1 | 3,13% | 100,00% | 0,08% | 16,22% | |
| TOTAL | 32 | 100,00% | 100,00% | | | |

## Means

*Main variable:*

**Idadedodoador**

| | Obs | Total | Mean | Var | Std Dev | Min | 25% | Median | 75% | Max | Mode |
|---|---|---|---|---|---|---|---|---|---|---|---|
| Idadedodoador | 32 | 1219 | 38,0938 | 222,7329 | 14,9242 | 16,0000 | 23,5000 | 37,5000 | 49,0000 | 65,0000 | 49,0000 |

## Frequency

*Frequency variable:* **Sexodododoador**
*Include missing:* **False**

| Sexo do doador | Frequency | Percent | Cum. Percent | Exact 95% LCL | Exact 95% UCL | |
|---|---|---|---|---|---|---|
| Masculino | 25 | 78,13% | 78,13% | 60,03% | 90,72% | |
| Feminino | 7 | 21,88% | 100,00% | 9,28% | 39,97% | |
| TOTAL | 32 | 100,00% | 100,00% | | | |

## Frequency

*Frequency variable:* **RegionaldeSaude**
*Include missing:* **False**

| Regional de Saude | Frequency | Percent | Cum. Percent | Exact 95% LCL | Exact 95% UCL | |
|---|---|---|---|---|---|---|
| 1 - Paranaguá | 2 | 6,25% | 6,25% | 0,77% | 20,81% | |
| 10 - Cascavel | 1 | 3,13% | 9,38% | 0,08% | 16,22% | |
| 11 - Campo Mourão | 1 | 3,13% | 12,50% | 0,08% | 16,22% | |
| 12 - Umuarama | 2 | 6,25% | 18,75% | 0,77% | 20,81% | |
| 15 - Maringá | 5 | 15,63% | 34,38% | 5,28% | 32,79% | |
| 16 - Apucarana | 1 | 3,13% | 37,50% | 0,08% | 16,22% | |
| 17 - Londrina | 2 | 6,25% | 43,75% | 0,77% | 20,81% | |
| 2 - Curitiba | 13 | 40,63% | 84,38% | 23,70% | 59,36% | |
| 3 - Ponta Grossa | 1 | 3,13% | 87,50% | 0,08% | 16,22% | |
| 5 - Guarapuava | 2 | 6,25% | 93,75% | 0,77% | 20,81% | |
| 7 - Pato Branco | 1 | 3,13% | 96,88% | 0,08% | 16,22% | |
| Não se aplica | 1 | 3,13% | 100,00% | 0,08% | 16,22% | |
| TOTAL | 32 | 100,00% | 100,00% | | | |

## Frequency

*Frequency variable:* **Captacaopelaequipe**
*Include missing:* **False**

| Captacao pela equipe | Frequency | Percent | Cum. Percent | Exact 95% LCL | Exact 95% UCL | |
|---|---|---|---|---|---|---|
| Yes | 29 | 90,63% | 90,63% | 74,98% | 98,02% | |
| No | 3 | 9,38% | 100,00% | 1,98% | 25,02% | |
| TOTAL | 32 | 100,00% | 100,00% | | | |

## Frequency

*Frequency variable:* **Solucaodepreservacao**
*Include missing:* **False**

| Solucao de preservacao | Frequency | Percent | Cum. Percent | Exact 95% LCL | Exact 95% UCL | |
|---|---|---|---|---|---|---|
| Custodiol | 31 | 96,88% | 96,88% | 83,78% | 99,92% | |
| SPS1 | 1 | 3,13% | 100,00% | 0,08% | 16,22% | |
| TOTAL | 32 | 100,00% | 100,00% | | | |

## Means

*Main variable:*

### Isquemiafriaminutos

| | Obs | Total | Mean | Var | Std Dev | Min | 25% | Median | 75% | Max | Mode |
|---|---|---|---|---|---|---|---|---|---|---|---|
| Isquemiafriaminutos | 32 | 13769 | 430,2813 | 10123,1119 | 100,6137 | 210,0000 | 366,0000 | 442,5000 | 512,5000 | 606,0000 | 440,0000 |

# Means

*Main variable:*

### Regional de Saude = 1 - Paranaguá

|  | Obs | Total | Mean | Var | Std Dev | Min | 25% | Median | 75% | Max | Mode |
|---|---|---|---|---|---|---|---|---|---|---|---|
| DRI | 2 | 2,408 | 1,2040 | 0,0173 | 0,1315 | 1,1110 | 1,1110 | 1,2040 | 1,2970 | 1,2970 | 1,1110 |

### Regional de Saude = 10 - Cascavel

|  | Obs | Total | Mean | Var | Std Dev | Min | 25% | Median | 75% | Max | Mode |
|---|---|---|---|---|---|---|---|---|---|---|---|
| DRI | 1 | 1,451 | 1,4510 | NaN | NaN | 1,4510 | 1,4510 | 1,4510 | 1,4510 | 1,4510 | 1,4510 |

### Regional de Saude = 11 - Campo Mourão

|  | Obs | Total | Mean | Var | Std Dev | Min | 25% | Median | 75% | Max | Mode |
|---|---|---|---|---|---|---|---|---|---|---|---|
| DRI | 1 | 1,26 | 1,2600 | NaN | NaN | 1,2600 | 1,2600 | 1,2600 | 1,2600 | 1,2600 | 1,2600 |

### Regional de Saude = 12 - Umuarama

|  | Obs | Total | Mean | Var | Std Dev | Min | 25% | Median | 75% | Max | Mode |
|---|---|---|---|---|---|---|---|---|---|---|---|
| DRI | 2 | 2,536 | 1,2680 | 0,0005 | 0,0226 | 1,2520 | 1,2520 | 1,2680 | 1,2840 | 1,2840 | 1,2520 |

### Regional de Saude = 15 - Maringá

|  | Obs | Total | Mean | Var | Std Dev | Min | 25% | Median | 75% | Max | Mode |
|---|---|---|---|---|---|---|---|---|---|---|---|
| DRI | 5 | 5,587 | 1,1174 | 0,0297 | 0,1723 | 0,8500 | 1,0960 | 1,1110 | 1,2250 | 1,3050 | 0,8500 |

### Regional de Saude = 16 - Apucarana

|  | Obs | Total | Mean | Var | Std Dev | Min | 25% | Median | 75% | Max | Mode |
|---|---|---|---|---|---|---|---|---|---|---|---|
| DRI | 1 | 1,433 | 1,4330 | NaN | NaN | 1,4330 | 1,4330 | 1,4330 | 1,4330 | 1,4330 | 1,4330 |

### Regional de Saude = 17 - Londrina

|  | Obs | Total | Mean | Var | Std Dev | Min | 25% | Median | 75% | Max | Mode |
|---|---|---|---|---|---|---|---|---|---|---|---|
| DRI | 2 | 3,091 | 1,5455 | 0,0412 | 0,2029 | 1,4020 | 1,4020 | 1,5455 | 1,6890 | 1,6890 | 1,4020 |

### Regional de Saude = 2 - Curitiba

|  | Obs | Total | Mean | Var | Std Dev | Min | 25% | Median | 75% | Max | Mode |
|---|---|---|---|---|---|---|---|---|---|---|---|
| DRI | 13 | 17,423 | 1,3402 | 0,0879 | 0,2965 | 0,9680 | 1,1560 | 1,3130 | 1,5200 | 1,8460 | 0,9680 |

### Regional de Saude = 3 - Ponta Grossa

|  | Obs | Total | Mean | Var | Std Dev | Min | 25% | Median | 75% | Max | Mode |
|---|---|---|---|---|---|---|---|---|---|---|---|
| DRI | 1 | 1,111 | 1,1110 | NaN | NaN | 1,1110 | 1,1110 | 1,1110 | 1,1110 | 1,1110 | 1,1110 |

### Regional de Saude = 5 - Guarapuava

|  | Obs | Total | Mean | Var | Std Dev | Min | 25% | Median | 75% | Max | Mode |
|---|---|---|---|---|---|---|---|---|---|---|---|
| DRI | 2 | 3,073 | 1,5365 | 0,0114 | 0,1068 | 1,4610 | 1,4610 | 1,5365 | 1,6120 | 1,6120 | 1,4610 |

### Regional de Saude = 7 - Pato Branco

|  | Obs | Total | Mean | Var | Std Dev | Min | 25% | Median | 75% | Max | Mode |
|---|---|---|---|---|---|---|---|---|---|---|---|
| DRI | 1 | 1,335 | 1,3350 | NaN | NaN | 1,3350 | 1,3350 | 1,3350 | 1,3350 | 1,3350 | 1,3350 |

### Regional de Saude = Não se aplica

|  | Obs | Total | Mean | Var | Std Dev | Min | 25% | Median | 75% | Max | Mode |
|---|---|---|---|---|---|---|---|---|---|---|---|
| DRI | 1 | 1,941 | 1,9410 | NaN | NaN | 1,9410 | 1,9410 | 1,9410 | 1,9410 | 1,9410 | 1,9410 |

# Means

*Main variable:*

### Regional de Saude = 1 - Paranaguá

| | Obs | Total | Mean | Var | Std Dev | Min | 25% | Median | 75% | Max | Mode |
|---|---|---|---|---|---|---|---|---|---|---|---|
| Isquemiafriaminutos | 2 | 942 | 471,0000 | 9248,0000 | 96,1665 | 403,0000 | 403,0000 | 471,0000 | 539,0000 | 539,0000 | 403,0000 |

### Regional de Saude = 10 - Cascavel

| | Obs | Total | Mean | Var | Std Dev | Min | 25% | Median | 75% | Max | Mode |
|---|---|---|---|---|---|---|---|---|---|---|---|
| Isquemiafriaminutos | 1 | 570 | 570,0000 | NaN | NaN | 570,0000 | 570,0000 | 570,0000 | 570,0000 | 570,0000 | 570,0000 |

### Regional de Saude = 11 - Campo Mourão

| | Obs | Total | Mean | Var | Std Dev | Min | 25% | Median | 75% | Max | Mode |
|---|---|---|---|---|---|---|---|---|---|---|---|
| Isquemiafriaminutos | 1 | 440 | 440,0000 | NaN | NaN | 440,0000 | 440,0000 | 440,0000 | 440,0000 | 440,0000 | 440,0000 |

### Regional de Saude = 12 - Umuarama

| | Obs | Total | Mean | Var | Std Dev | Min | 25% | Median | 75% | Max | Mode |
|---|---|---|---|---|---|---|---|---|---|---|---|
| Isquemiafriaminutos | 2 | 1066 | 533,0000 | 10658,0000 | 103,2376 | 460,0000 | 460,0000 | 533,0000 | 606,0000 | 606,0000 | 460,0000 |

### Regional de Saude = 15 - Maringá

| | Obs | Total | Mean | Var | Std Dev | Min | 25% | Median | 75% | Max | Mode |
|---|---|---|---|---|---|---|---|---|---|---|---|
| Isquemiafriaminutos | 5 | 2590 | 518,0000 | 2664,5000 | 51,6188 | 450,0000 | 477,0000 | 540,0000 | 555,0000 | 568,0000 | 450,0000 |

### Regional de Saude = 16 - Apucarana

| | Obs | Total | Mean | Var | Std Dev | Min | 25% | Median | 75% | Max | Mode |
|---|---|---|---|---|---|---|---|---|---|---|---|
| Isquemiafriaminutos | 1 | 527 | 527,0000 | NaN | NaN | 527,0000 | 527,0000 | 527,0000 | 527,0000 | 527,0000 | 527,0000 |

### Regional de Saude = 17 - Londrina

| | Obs | Total | Mean | Var | Std Dev | Min | 25% | Median | 75% | Max | Mode |
|---|---|---|---|---|---|---|---|---|---|---|---|
| Isquemiafriaminutos | 2 | 895 | 447,5000 | 112,5000 | 10,6066 | 440,0000 | 440,0000 | 447,5000 | 455,0000 | 455,0000 | 440,0000 |

### Regional de Saude = 2 - Curitiba

| | Obs | Total | Mean | Var | Std Dev | Min | 25% | Median | 75% | Max | Mode |
|---|---|---|---|---|---|---|---|---|---|---|---|
| Isquemiafriaminutos | 13 | 4529 | 348,3846 | 8466,5897 | 92,0141 | 210,0000 | 310,0000 | 345,0000 | 380,0000 | 520,0000 | 210,0000 |

### Regional de Saude = 3 - Ponta Grossa

| | Obs | Total | Mean | Var | Std Dev | Min | 25% | Median | 75% | Max | Mode |
|---|---|---|---|---|---|---|---|---|---|---|---|
| Isquemiafriaminutos | 1 | 425 | 425,0000 | NaN | NaN | 425,0000 | 425,0000 | 425,0000 | 425,0000 | 425,0000 | 425,0000 |

### Regional de Saude = 5 - Guarapuava

| | Obs | Total | Mean | Var | Std Dev | Min | 25% | Median | 75% | Max | Mode |
|---|---|---|---|---|---|---|---|---|---|---|---|
| Isquemiafriaminutos | 2 | 895 | 447,5000 | 840,5000 | 28,9914 | 427,0000 | 427,0000 | 447,5000 | 468,0000 | 468,0000 | 427,0000 |

### Regional de Saude = 7 - Pato Branco

| | Obs | Total | Mean | Var | Std Dev | Min | 25% | Median | 75% | Max | Mode |
|---|---|---|---|---|---|---|---|---|---|---|---|
| Isquemiafriaminutos | 1 | 445 | 445,0000 | NaN | NaN | 445,0000 | 445,0000 | 445,0000 | 445,0000 | 445,0000 | 445,0000 |

### Regional de Saude = Não se aplica

| | Obs | Total | Mean | Var | Std Dev | Min | 25% | Median | 75% | Max | Mode |
|---|---|---|---|---|---|---|---|---|---|---|---|
| Isquemiafriaminutos | 1 | 445 | 445,0000 | NaN | NaN | 445,0000 | 445,0000 | 445,0000 | 445,0000 | 445,0000 | 445,0000 |

## Means

*Main variable:*

**Tipo de sangue = 0**

| | Obs | Total | Mean | Var | Std Dev | Min | 25% | Median | 75% | Max | Mode |
|---|---|---|---|---|---|---|---|---|---|---|---|
| Tempodeesperaemlistadias | 16 | 1881 | 117,5625 | 23230,2625 | 152,4148 | 2,0000 | 15,5000 | 95,0000 | 141,0000 | 609,0000 | 2,0000 |

**Tipo de sangue = 1**

| | Obs | Total | Mean | Var | Std Dev | Min | 25% | Median | 75% | Max | Mode |
|---|---|---|---|---|---|---|---|---|---|---|---|
| Tempodeesperaemlistadias | 3 | 151 | 50,3333 | 5150,3333 | 71,7658 | 4,0000 | 4,0000 | 14,0000 | 133,0000 | 133,0000 | 4,0000 |

**Tipo de sangue = 2**

| | Obs | Total | Mean | Var | Std Dev | Min | 25% | Median | 75% | Max | Mode |
|---|---|---|---|---|---|---|---|---|---|---|---|
| Tempodeesperaemlistadias | 2 | 149 | 74,5000 | 4900,5000 | 70,0036 | 25,0000 | 25,0000 | 74,5000 | 124,0000 | 124,0000 | 25,0000 |

**Tipo de sangue = 3**

| | Obs | Total | Mean | Var | Std Dev | Min | 25% | Median | 75% | Max | Mode |
|---|---|---|---|---|---|---|---|---|---|---|---|
| Tempodeesperaemlistadias | 11 | 1379 | 125,3636 | 15194,4545 | 123,2658 | 1,0000 | 6,0000 | 117,0000 | 218,0000 | 375,0000 | 1,0000 |

## Frequency

*Frequency variable:* **Condicaomedica**
*Include missing:* **False**

| Condição médica | Frequency | Percent | Cum. Percent | Exact 95% LCL | Exact 95% UCL | |
|---|---|---|---|---|---|---|
| Hospitalizado - UTI | 9 | 28,13% | 28,13% | 13,75% | 46,75% | |
| Hospitalizado - Enfermaria | 7 | 21,88% | 50,00% | 9,28% | 39,97% | |
| Não hospitalizado | 16 | 50,00% | 100,00% | 31,89% | 68,11% | |
| TOTAL | 32 | 100,00% | 100,00% | | | |

## Frequency

*Frequency variable:* **Urgenciamedica**
*Include missing:* **False**

| Urgência médica | Frequency | Percent | Cum. Percent | Exact 95% LCL | Exact 95% UCL | |
|---|---|---|---|---|---|---|
| MELD 30-34 | 6 | 18,75% | 18,75% | 7,21% | 36,44% | |
| MELD 15-29 | 21 | 65,63% | 84,38% | 46,81% | 81,43% | |
| MELD<15 | 5 | 15,63% | 100,00% | 5,28% | 32,79% | |
| TOTAL | 32 | 100,00% | 100,00% | | | |

## Means

*Main variable:*
*Crosstab variable:*
*Weight variable:*

**MELD**

| | Obs | Total | Mean | Var | Std Dev | Min | 25% | Median | 75% | Max | Mode |
|---|---|---|---|---|---|---|---|---|---|---|---|
| MELD | 32 | 658 | 20,5625 | 52,5121 | 7,2465 | 8,0000 | 16,0000 | 20,0000 | 26,0000 | 34,0000 | 20,0000 |

## Means

*Main variable:*
*Crosstab variable:*
*Weight variable:*

**MELDaTX**

| | Obs | Total | Mean | Var | Std Dev | Min | 25% | Median | 75% | Max | Mode |
|---|---|---|---|---|---|---|---|---|---|---|---|
| MELDaTX | 32 | 805 | 25,1563 | 19,6845 | 4,4367 | 20,0000 | 21,0000 | 24,0000 | 29,0000 | 34,0000 | 20,0000 |

## Means

*Main variable:*
*Crosstab variable:*
*Weight variable:*

| | Obs | Total | Mean | Var | Std Dev | Min | 25% | Median | 75% | Max | Mode |
|---|---|---|---|---|---|---|---|---|---|---|---|
| | | | | BAR | | | | | | | |
| BAR | 32 | 261 | 8,1563 | 11,2974 | 3,3612 | 2,0000 | 6,5000 | 7,5000 | 11,0000 | 14,0000 | 7,0000 |

## Means

*Main variable:*
*Crosstab variable:*
*Weight variable:*

| | Obs | Total | Mean | Var | Std Dev | Min | 25% | Median | 75% | Max | Mode |
|---|---|---|---|---|---|---|---|---|---|---|---|
| | | | | PSOFT | | | | | | | |
| PSOFT | 32 | 309 | 9,6563 | 38,6200 | 6,2145 | 0,0000 | 5,0000 | 10,0000 | 12,0000 | 31,0000 | 11,0000 |

## Means

*Main variable:*
*Crosstab variable:*
*Weight variable:*

| | Obs | Total | Mean | Var | Std Dev | Min | 25% | Median | 75% | Max | Mode |
|---|---|---|---|---|---|---|---|---|---|---|---|
| | | | | SOFT | | | | | | | |
| SOFT | 32 | 336 | 10,5000 | 48,0645 | 6,9329 | 0,0000 | 5,0000 | 12,0000 | 14,5000 | 33,0000 | 15,0000 |

# Frequency

*Frequency variable:* **Trombosedeporta**
*Include missing:* **False**

| Trombose de porta | Frequency | Percent | Cum. Percent | Exact 95% LCL | Exact 95% UCL | |
|---|---|---|---|---|---|---|
| Yes | 6 | 18,75% | 18,75% | 7,21% | 36,44% | |
| No | 26 | 81,25% | 100,00% | 63,56% | 92,79% | |
| TOTAL | 32 | 100,00% | 100,00% | | | |

# Frequency

*Frequency variable:* **Swabretal**
*Include missing:* **False**

| Swab retal | Frequency | Percent | Cum. Percent | Exact 95% LCL | Exact 95% UCL | |
|---|---|---|---|---|---|---|
| ESBL | 1 | 3,13% | 3,13% | 0,08% | 16,22% | |
| KPC | 4 | 12,50% | 15,63% | 3,51% | 28,99% | |
| Negativo | 26 | 81,25% | 96,88% | 63,56% | 92,79% | |
| VRE | 1 | 3,13% | 100,00% | 0,08% | 16,22% | |
| TOTAL | 32 | 100,00% | 100,00% | | | |

# Frequency

*Frequency variable:* **Extubacaosala**
*Include missing:* **False**

| Extubacao sala | Frequency | Percent | Cum. Percent | Exact 95% LCL | Exact 95% UCL | |
|---|---|---|---|---|---|---|
| Yes | 19 | 59,38% | 59,38% | 40,64% | 76,30% | |
| No | 13 | 40,63% | 100,00% | 23,70% | 59,36% | |
| TOTAL | 32 | 100,00% | 100,00% | | | |

# Frequency

*Frequency variable:* **Funcionamentodoenxerto**
*Include missing:* **False**

| Funcionamento do enxerto | Frequency | Percent | Cum. Percent | Exact 95% LCL | Exact 95% UCL | |
|---|---|---|---|---|---|---|
| Função inicial normal | 24 | 75,00% | 75,00% | 56,60% | 88,54% | |
| Disfunção inicial do enxerto | 7 | 21,88% | 96,88% | 9,28% | 39,97% | |
| Não funcionamento primário do enxerto | 1 | 3,13% | 100,00% | 0,08% | 16,22% | |
| TOTAL | 32 | 100,00% | 100,00% | | | |

## Frequency

*Frequency variable:* **Trombosearterial**
*Include missing:* **False**

| Trombose arterial | Frequency | Percent | Cum. Percent | Exact 95% LCL | Exact 95% UCL | |
|---|---|---|---|---|---|---|
| Yes | 1 | 3,13% | 3,13% | 0,08% | 16,22% | |
| No | 31 | 96,88% | 100,00% | 83,78% | 99,92% | |
| TOTAL | 32 | 100,00% | 100,00% | | | |

## Frequency

*Frequency variable:* **Tromboseporta**
*Include missing:* **False**

| Trombose porta PO | Frequency | Percent | Cum. Percent | Exact 95% LCL | Exact 95% UCL | |
|---|---|---|---|---|---|---|
| No | 23 | 100,00% | 100,00% | 85,18% | 100,00% | |
| TOTAL | 23 | 100,00% | 100,00% | | | |

## Frequency

*Frequency variable:* **Complicacaobiliar**
*Include missing:* **False**

| Complicacao biliar | Frequency | Percent | Cum. Percent | Exact 95% LCL | Exact 95% UCL | |
|---|---|---|---|---|---|---|
| Yes | 2 | 6,25% | 6,25% | 0,77% | 20,81% | |
| No | 30 | 93,75% | 100,00% | 79,19% | 99,23% | |
| TOTAL | 32 | 100,00% | 100,00% | | | |

## Frequency

*Frequency variable:* **Reoperacao**
*Include missing:* **False**

| Re-operacao | Frequency | Percent | Cum. Percent | Exact 95% LCL | Exact 95% UCL | |
|---|---|---|---|---|---|---|
| Yes | 2 | 6,25% | 6,25% | 0,77% | 20,81% | |
| No | 30 | 93,75% | 100,00% | 79,19% | 99,23% | |
| TOTAL | 32 | 100,00% | 100,00% | | | |

## Frequency

*Frequency variable:* **ClavienDindo**
*Include missing:* **False**

| Clavien-Dindo | Frequency | Percent | Cum. Percent | Exact 95% LCL | Exact 95% UCL | |
|---|---|---|---|---|---|---|
| 0 | 1 | 3,13% | 3,13% | 0,08% | 16,22% | |
| 1 | 15 | 46,88% | 50,00% | 29,09% | 65,26% | |
| 3 | 1 | 3,13% | 53,13% | 0,08% | 16,22% | |
| 4 | 5 | 15,63% | 68,75% | 5,28% | 32,79% | |
| 5 | 2 | 6,25% | 75,00% | 0,77% | 20,81% | |
| 6 | 8 | 25,00% | 100,00% | 11,46% | 43,40% | |
| TOTAL | 32 | 100,00% | 100,00% | | | |

## Frequency

*Frequency variable:* **Mortalidadecirurgica**
*Include missing:* **False**

| Mortalidade cirúrgica | Frequency | Percent | Cum. Percent | Exact 95% LCL | Exact 95% UCL | |
|---|---|---|---|---|---|---|
| Yes | 8 | 25,00% | 25,00% | 11,46% | 43,40% | |
| No | 24 | 75,00% | 100,00% | 56,60% | 88,54% | |
| TOTAL | 32 | 100,00% | 100,00% | | | |

## Frequency

*Frequency variable:* **Motivoobito**
*Include missing:* **False**

| Motivo obito | Frequency | Percent | Cum. Percent | Exact 95% LCL | Exact 95% UCL | |
|---|---|---|---|---|---|---|
| Cardiovascular | 1 | 9,09% | 9,09% | 0,23% | 41,28% | |
| Cirúrgica | 2 | 18,18% | 27,27% | 2,28% | 51,78% | |
| Infecciosa | 6 | 54,55% | 81,82% | 23,38% | 83,25% | |
| Outros | 2 | 18,18% | 100,00% | 2,28% | 51,78% | |
| TOTAL | 11 | 100,00% | 100,00% | | | |

# Frequency

*Frequency variable:* **Mortalidade90dias**
*Strata variable(s):* **BAR_RECODED**
*Include missing:* **False**

### BAR_RECODED = BAR<11

| Mortalidade 90 dias | Frequency | Percent | Cum. Percent | Exact 95% LCL | Exact 95% UCL | |
|---|---|---|---|---|---|---|
| Yes | 6 | 26,09% | 26,09% | 10,23% | 48,41% | |
| No | 17 | 73,91% | 100,00% | 51,59% | 89,77% | |
| TOTAL | 23 | 100,00% | 100,00% | | | |

### BAR_RECODED = BAR>11

| Mortalidade 90 dias | Frequency | Percent | Cum. Percent | Exact 95% LCL | Exact 95% UCL | |
|---|---|---|---|---|---|---|
| Yes | 4 | 44,44% | 44,44% | 13,70% | 78,80% | |
| No | 5 | 55,56% | 100,00% | 21,20% | 86,30% | |
| TOTAL | 9 | 100,00% | 100,00% | | | |

www.ingramcontent.com/pod-product-compliance
Lightning Source LLC
Chambersburg PA
CBHW040300220526
45473CB00002B/541